BEI GRIN MACHT SICH IHR WISSEN BEZAHLT

- Wir veröffentlichen Ihre Hausarbeit,
  Bachelor- und Masterarbeit

- Ihr eigenes eBook und Buch -
  weltweit in allen wichtigen Shops

- Verdienen Sie an jedem Verkauf

**Jetzt bei www.GRIN.com hochladen
und kostenlos publizieren**

Ursula Wittlich

Allgemeiner Überblick - Relative Datierungsmethoden (Stratigraphie, Geomorphologie, Leitfossilien)

GRIN Verlag

Bibliografische Information der Deutschen Nationalbibliothek:

Die Deutsche Bibliothek verzeichnet diese Publikation in der Deutschen National-
bibliografie; detaillierte bibliografische Daten sind im Internet über http://dnb.d-
nb.de/ abrufbar.

Impressum:

Copyright © 2002 GRIN Verlag GmbH
Druck und Bindung: Books on Demand GmbH, Norderstedt Germany
ISBN: 978-3-656-51996-6

Dieses Buch bei GRIN:

http://www.grin.com/de/e-book/31949/allgemeiner-ueberblick-relative-datierungs-
methoden-stratigraphie-geomorphologie

GRIN - Your knowledge has value

Der GRIN Verlag publiziert seit 1998 wissenschaftliche Arbeiten von Studenten, Hochschullehrern und anderen Akademikern als eBook und gedrucktes Buch. Die Verlagswebsite www.grin.com ist die ideale Plattform zur Veröffentlichung von Hausarbeiten, Abschlussarbeiten, wissenschaftlichen Aufsätzen, Dissertationen und Fachbüchern.

Besuchen Sie uns im Internet:

http://www.grin.com/

http://www.facebook.com/grincom

http://www.twitter.com/grin_com

Johann Wolfgang Goethe-Universität Frankfurt am Main

Institut der Anthropologie

Wintersemester 2002/2003

Seminar: Datierungsmethoden in der Anthropologie

Allgemeiner Überblick – Relative Datierungsmethoden
(Stratigraphie, Geomorphologie, Leitfossilien)

Gehalten am: 01.11.2002

Vorgelegt von: Ursula Wittlich

Studiengang: Magister

Semester: 7

Gliederung

1. Einleitung

2. Stratigraphie
  a) Definition und Ziele
  b) Zeitliche Einteilung mit Hilfe natürlicher Erscheinungen

2.1. Lithostratigraphie
    a) Erklärung
    b) Grundlagen
    c) Grundprinzipien der Lithostratigraphie
    d) Anwendung
    e) Problematik

2.2. Biostratigraphie
    a) Erklärung
    b) Grundlagen

2.2.1. Leitfossilien
      Kennzeichnung

    c) Anwendung der Biostratigraphie
    d) Problematik

3. Fazit

4. Literaturhinweise

1. Einleitung

In der Anthropologie verwendet man zur Altersbestimmung verschiedene Methoden. Viele liefern nur Aussagen über das zeitliche Zueinander, also die zeitliche Abfolge. Dazu zählen die relativen Datierungsmethoden. Sie liefern keine absoluten Zeitangaben, sondern nur eine relative Zeitabfolge von Gesteinen, Floren, Faunen und Arten. Für viele historische Fragestellungen, vor allem bei engräumigen Untersuchungen, genügen zeitliche Einordnungen des „vorher" und „nachher".

Manche Datierungen setzten am Fossil selbst an, man bezeichnet sie dann als direkte Datierungen. Andere datieren dagegen nur die Fundschicht, aus der das Fossil stammt, diese nennt man dann indirekte Datierungen.

Es existieren einige relative Datierungsmethoden, von denen hier exemplarisch im folgenden näher auf die Stratigraphie eingegangen wird.

2. Stratigraphie

a) Definition und Ziele

Definition:

„Die Stratigraphie [von lat. „stratum": Schicht, Decke] ist derjenige Zweig der historischen Geologie, der die Gesteine nach ihrer zeitlichen Bildungsfolge zu ordnen und eine Zeitskala zur Datierung der geologischen Vorgänge und Ereignisse aufzustellen hat" (Schindewolf, 1969).

Während der Erdgeschichte entstehen durch Ablagerungen geologische Schichten, welche einzelne Zeitabschnitte wiederspiegeln. Dabei ist zu berücksichtigen, dass es aus der Mächtigkeit einer Schicht nicht möglich ist, auf die genaue Dauer des Zeitabschnittes zu schließen. Denn die Ablagerungen sind in den einzelnen geographischen Räumen, gemäß ihres Klimas sehr verschieden.

Ziele:

Mit Hilfe der Stratigraphie werden zwei Hauptziele verfolgt. Dazu zählt die räumlich – zeitliche Einstufung, d.h. die Einordnung eines geologischen Abschnitts zu einem bestimmten Zeitabschnitt, um als mögliches Endziel die Rekonstruktion der Erdgeschichte zu erlangen.

Ein weiteres Ziel ist die Korrelation, mit der die Beziehung zwischen den sedimentologischen Einheiten und den geologischen Abläufen versucht wird zu erklären.

b) Zeitliche Einteilung mit Hilfe natürlicher Erscheinungen

Mit verschiedenen natürlichen Erscheinungen der Natur versucht man, in der Stratigraphie, Bezüge herzustellen und zeitliche Rückschlüsse zu ziehen.

Als Hauptpunkt ist die biologische Entwicklung zu erwähnen. Die Natur verändert sich stetig und zwar nur in eine fortschrittliche Richtung. Die Entwicklungsgeschwindigkeit der Evolution ist bei den verschiedenen Organismusgruppen nie gleich. Weiterhin zeichnet sich die Evolution durch die zunehmende Komplexität der Organismen aus, auf dessen Grundlage hin man versucht, die Veränderung der Makro- und Mikrofauna als Datierung zu nutzen.

Einige Prozesse der Natur laufen rhythmisch, d.h. wiederholt ab, dazu zählen Klimaschwankungen. Im Verlauf geologischer Zeiträume kam es immer wieder zu wechselnden Klimabedingungen. Dadurch kam es zu weltweit auftretenden Wechsel von Flora und Fauna. Manche Klimaveränderungen wurden regional begrenzt durch die Kontinentalverschiebungen, da die Erdteile im Laufe der Zeit verschiedene Klimazonen durchwanderten.
Andere natürliche Erscheinungen sind die Meeresspiegelschwankungen und die Änderung der magnetischen Polarität.
Kommt es während der Erdgeschichte zu Vulkanausbrüchen, dann ist dieses sehr gut in den stratigraphischen Abfolgen zu erkennen, da Vulkanausbrüche meist sehr große Flächen bedecken und vulkanische Produkte in einzelnen Straten hinterlassen.

Die Stratigraphie setzt sich aus zwei Teilbereichen zusammen: die Lithostratigraphie und die Biostratigraphie.

2.1. Lithostratigraphie
a) Erklärung
Die Ablagerungen der Erdgeschichte bilden geologische Schichten (Sedimente), diese wiederum spiegeln Zeitabschnitte wieder. Die Lithostratigraphie basiert auf der Untersuchung von mineralogischen Eigenschaften geologischer Abfolgen.
Die zeitliche Einordnung ist abgeleitet aus dem Studium der Gesteine und ihrer Lagerungsbeziehung. Jüngere Schichten sind über den Älteren abgelagert, so sind einzelne Angaben über das relative Alter möglich.
Vergleichbar mit der biologischen Entwicklung, verläuft auch die Erdgeschichte einsinnig und nicht zyklisch. Aufgetretene Zustände können sich im einzelnen nicht exakt wiederholen. Gesteine sind, sozusagen, das sichtbare Ergebnis dieser geologischen Prozesse.

Kasten 3.3 **Tektonische Stockwerkgliederung und typische Gesteine in Mitteleuropa nördlich der Alpen** (verändert und vereinfacht in Anlehnung an HARKE et al. 1985, 70)

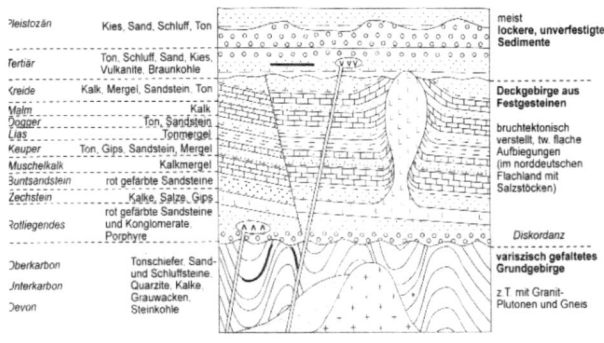

Abb. 1:
Zepp, H.: *Geomorphologie: eine Einführung.* S. 51.
b) Grundlagen

Die Grundlagen der Lithostratigraphie berufen sich auf die Sedimente, welche sich durch Ablagerungen und Verfestigungen der Relikte verwitterter Gesteine bilden. Dazu zählen auch Reste von Organismen, vulkanische Schlacke und Asche. Sedimente breiten sich meist als flächenhaft ausgedehnte Schichten aus und im Normalfall lagern sie horizontal aufeinander. Jedoch können sie später, im Laufe der Erdgeschichte, eventuell durch tektonische Bewegungen verstellt werden.

Ein Beispiel für eine Entwicklung der Schichten, ist die Abfolge der Straten bei Flüssen im humiden Bereich: Während der Glaziale überwiegt die physikalische Verwitterung in diesen Gebieten. Flüsse sind zu dieser Zeit nicht mehr in der Lage, den in großen Mengen anfallenden Gesteinsschutt, abzutransportieren und es kommt zu einer Auffüllung der Täler. Während der Interglaziale nehmen die Wassermengen durch das Abschmelzen der Inlandeismassen zu, die Erosionsleistung steigt. Die Flüsse schneiden sich in die vorher aufgeschütteten Schotterfluren ein und es bilden sich neue Terrassen. Mit jeder nachfolgenden Interglaziale, schneiden sich die Flüsse tiefer ein. Somit sind also im allgemeinen die Terrassen umso älter, je höher sie über der heutigen Flussaue liegen.

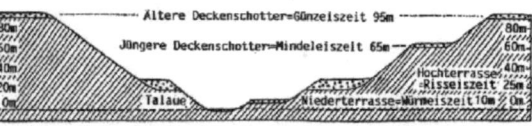

Abb. 318: Schematischer Schnitt durch ein mitteleuropäisches Tal mit eiszeitlichen Terrassen typischer Höhenlage (aus G. WAGNER 1960).

Abb. 2:
Knussmann, R.: *Anthropologie: Handbuch der vergleichenden Biologie des Menschen.* S. 645.

c) Grundprinzipien der Lithostratigraphie
Stratigraphische Grundgesetz:
„Sedimente lagern sich in chronologischer Reihenfolge so ab, dass in einem Profil das unten liegende Gestein das ältere, das darüber folgende das jüngere ist"
NIKOLAUS STENO, 1669
Steno erkannte ebenfalls, dass die geologischen Schichten auch horizontal sehr weit verbreitet sind.

Prinzip der lateralen Kontinuität:
Das Prinzip besagt, dass eine Schicht an allen Stellen gleichalt ist. Jedoch ist dies sehr fragwürdig, da so die Annahme des synchronen Fazieswechsel vorausgesetzt wird.

Walthersche Gesetz:
WALTHER (1893 – 1894) widerspricht mit seinem Gesetz dem der lateralen Kontinuität und besagt, dass das Alter einer Schicht, von einer Lokalität zur anderen, verschieden sein kann.
d) Anwendung

Um die Stratigraphie anzuwenden ist es nötig, die Abfolge von Gesteinen verschiedenartiger Ausbildung, in möglichst vertikalen Profilen, zu erfassen. Anschließend werden Schichten gleicher oder ähnlicher Ausbildung, gleicher oder ähnlicher Mächtigkeit und entsprechender Position im Profil zueinander in Beziehung gesetzt. Durch diese Korrelation ist es eventuell möglich, eine relative Zeitaussage zu äußern.

e) Problematik

In der praktischen Anwendung der Stratigraphie kommt es jedoch meistens zu erheblichen Komplikationen. Denn wie man mit gegenwärtigen sedimentologischen Vorgängen vergleichen kann, können sich zur gleichen Zeit und oftmals auf engem Raum, ganz verschiedenartige Gesteine nebeneinander bilden. Im marinen Bereich herrscht eher das Problem, dass die Gesteine oft über weite Räume geradezu monoton verlaufen.

In weiten Gebieten kann es vorkommen, dass gar keine Sedimentation erfolgt, sondern nur Abtragung. In diesem Falle ist es natürlich unmöglich verschiedene aufeinander abgetragene Schichten zu erkennen.

Weiterhin kann es durch natürliche Erdgewalten, wie z.B. ein Vulkanausbruch, zu jüngeren Intrusionen in ältere Schichten kommen. Auch dann kommt es zu Abweichungen der normalen Abfolge des Profils.

Das Grundproblem besteht jedoch in der Unsicherheit der lateralen Korrelation und der Gefahr: verlaufende Faziesgrenzen mit den strikt verlaufenden Zeitgrenzen zu verwechseln.

Zur Minimierung der Probleme nimmt man die Biostratigraphie zur Hilfe, die konkretere Angaben, mit Hilfe der Leitfossilien, ermöglicht.

2.2. Biostratigraphie

a) Erklärung

Die Biostratigraphie beruht auf der Analyse der Schichten anhand ihrer organischen Inhalte. Man versucht eine Rekonstruktion und Korrelation von Gesteinsformen, mit Hilfe ihres gleichen Fossiliengehaltes, zu erreichen. Begründer war der Engländer WILLIAM SMITH, der 1816 – 1819 feststellte, dass Fossilien im Schichtprofil in ganz bestimmter Reihenfolge auftreten.

Zur Biostratigraphie zählen sogenannte Leitfossilien, deren zeitliche Stellung bereits bekannt ist und deshalb sind sie eine besondere Hilfe bei der zeitlichen Einteilung. Sie tragen zur Parallelisierung von räumlich getrennten Fundorten bei.

b) Grundlagen

Die eigentliche Grundlage der Biostratigraphie ist die Evolutionstheorie von WALLACE (1956) und Darwin (1859), welche auf zwei Prinzipien basiert:

Prinzip des Gradualismus:

Dieses Prinzip besagt, dass es auf Grund einer natürlichen Selektion im Laufe der Erdgeschichte zu einer stammesgeschichtlichen Entwicklung aller Lebewesen kommt.

Prinzip des Punktualismus:
Dieses Prinzip sagt aus, dass bestimmte Zeiten durch bestimmte Faunen und Floren gekennzeichnet sind, die sich in ihrer Zusammensetzung nie wiederholen.
Daher ist es möglich die zu bestimmten Zeiten abgelagerten Schichten durch fossile Überreste zeitcharakteristischer Lebewesen, sog. Leitfossilien, zu rekonstruieren und zu korrelieren.

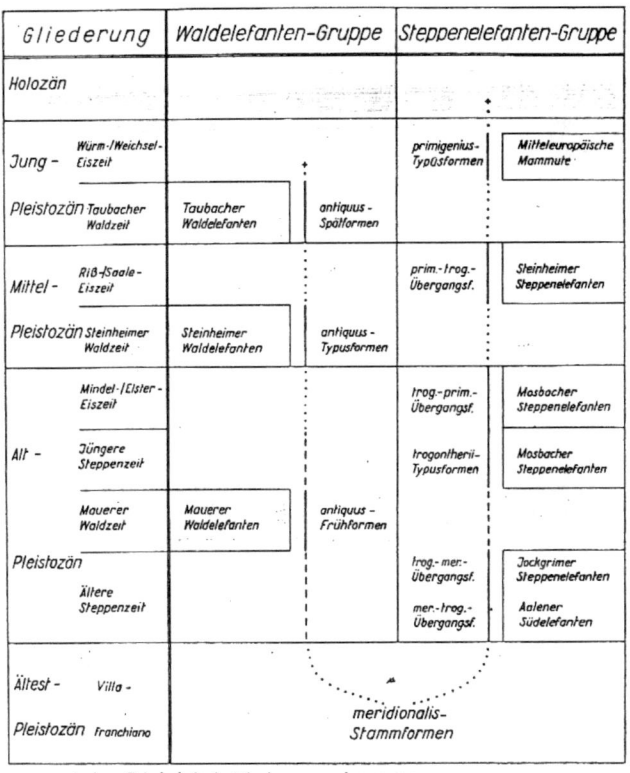

Abb. 3:
Knussmann, R.: *Anthropologie: Handbuch der vergleichenden Biologie des Menschen.* S. 651.

2.2.1. Leitfossilien

Die Kennzeichnung eines Leitfossils erfolgt mit Hilfe einer Reihe von Merkmalen:

Rasche Evolution:
Ein Leitfossil muss eine rasche Evolution aufweisen, denn je rascher die morphologischen Veränderungen erfolgen, umso feiner sind die sich daraus ergebenden Möglichkeiten der Zeiteinteilung.

Merkmalsreichtum:
Je mehr Merkmale ein Leitfossil aufweist, umso besser sind die Identifizierungsmöglichkeiten.

Weite Verbreitung:
Existierte das Fossil in weiten Gebieten, ist eine weitreichende laterale Korrelation von Schichten möglich.

Häufiges Auftreten:
Es kommt zu einer höheren Fundwahrscheinlichkeit in isolierten Profilen und zu einer breiteren statistischen Basis, um die Variabilität der Merkmale zu erfassen, wenn das Fossil oft auftritt.

Vorkommen auf primärer Lagerstätte:
Wird das Fossil von älteren Schichten umlagert, gilt es als ein irreführender Zeitindikator.

c) Anwendung der Biostratigraphie
Es gibt mehrer Möglichkeiten der Anwendung, die am sinnvollsten in Kombination miteinander anzuwenden sind:

Allochronologie
Hierbei ist das plötzliche Erscheinen und Verschwinden bestimmter Arten, Gattungen, Familien oder anderer Taxa, innerhalb geologischer Profile, von Bedeutung. Man deutet eine zeitliche Einteilung durch die Immigration, Emigration oder das Aussterben in bestimmten Gebieten. Bei der Korrelation verschiedener Gebiete kommt das Problem auf, dass die betreffende Taxa an anderen Orten schon früher existiert haben könnte. Daher nimmt man die

Autochronologie
zur Hilfe. Damit ist die Entwicklung bestimmter Arten an Ort und Stelle gemeint. Solche Entwicklungsreihen konzentrieren sich auf die Basis der Evolutionstheorie. Um zusätzliche Sicherheit zu erreichen, verwendet man:

Florenbilder und Faunenvergesellschaftung
Man nimmt die Ensembles, d.h. die Kombination bestimmter pflanzlicher und/oder tierischer Fossilien zur Hilfe.

d) Problematik
Da die Biostratigraphie eine Relative Datierungsmethode ist, ist es nahe liegend, dass sie sehr ungenau ist. Es treten mehrere Probleme auf, welche die Datierung erschweren.

Kontinuität der Entwicklung
Von Art zu Art oder Gattung zu Gattung verläuft eine sprunghafte Entwicklung. Daher ergibt sich das Problem, dass man nie weiß, wann die Lebensdauer einer Art anfängt und wann sie abstirbt.

Lückenhaftigkeit der Fossilüberlieferung
Nur ein Bruchteil eines Organismus ist überhaupt erhaltungsfähig: häufig nur das Gebiss. Daher ist es schwierig, von einem einzigen gefundenen Fragment, Schlüsse auf das Ganze zu ziehen. Genauso bleiben bei der Fauna und Flora von 10.000 Pflanzen- und Tierarten nur 10 – 15 fossil erhalten und in bestimmten Gebieten gibt es sogar gar keine Möglichkeit der Fossilisation. Oder es existiert keine Möglichkeit der Fossilisation, da es vorher zu einer Erosion der Schichten kam.

Schwierigkeiten der Parallelisierung
Wie man es auch heute noch beobachten kann, können verschiedene Lebensräume zur gleichen Zeit nebeneinander bestehen. Bei lokalen Stratigraphien kann es sogar noch sein, dass charakteristische Arten sich infolge natürlicher Barrieren, wie Gebirge oder Meere, nicht so schnell ausgebreitet haben.
Ebenso sorgt die Korrelation mariner und terrestrischer Gebiete für Schwierigkeiten. Die marinen können über weite Räume geradezu monoton bleiben, wohingegen es im kontinentalen Bereich zu abrupten Wechseln kommen kann.

3. Fazit

Zusammenfassend kann man sagen, dass die Relativen Datierungsmethoden sehr ungenau sind, vor allem die der Stratigraphie. Das Fehlen von Leitfossilien macht eine genauere Datierung unmöglich. Daher ist es am sinnvollsten die Relativen und Absoluten Datierungsmethoden kombiniert anzuwenden, um eine möglichst genaue Altersbestimmung zu erreichen.

4. Literaturhinweise

1. Berg, A.v.: *Die Schädelkalotte des Neanderthalers von Ochtendung/Osteifel* – *Archäologie, Paläoanthropologie und Geologie* .Eiszeitalter und Gegenwart 50, S. 56 – 68, 2000.

2. Franke, H.W.: *Methoden der Geochronologie.* Reihe Verständliches Wissen 98. Springer, Berlin/Heidelberg 1969.

3. Geyer, O.F.: *Grundzüge der Stratigraphie und Fazieskunde 1.* Paläontologische Grundlagen I. Schweizerbart, Stuttgart 1973.

4. Ivanova, I.K.: *Das geologische Alter des fossilen Menschen.* Kohlhammer, Stuttgart/Berlin/Köln/Mainz 1972.

5. Knussmann, R.: Handbuch *der vergleichenden Biologie des Menschen*; zugleich der 4. Auflage des Lehrbuchs der Anthropologie. Fischer, Stuttgart/Jena/New York .

6. Knussmann, Rainer: *Vergleichende Biologie des Menschen: Lehrbuch der Anthropologie und Humangenetik.* Fischer, Stuttgart 1996.

7. Rey, Jaques: *Geologische Altersbestimmung: Biostratigraphie, Lithostratigraphie, absolute Datierung.* Enke, Stuttgart 1991.

8. Schindewolf, O.H.: *Grundlagen und Methoden der paläontologischen Chronologie.* 3. Auflage. Bornträger, Berlin 1950.

9. Scholliers, Matthias: *Abiturwissen: Physische Geographie.* Justus Perthes Verlag, Gotha 2000.

10. Zepp, Harald: *Geomorphologie: eine Einführung.* Schöningh, Paderborn/München/Wien/Zürich 2002.